U0919113

The Impression of Indian Architecture

印度建筑印象

尹海林 主编

《印度建筑印象》编委会
EDITORIAL BOARD

序 PREFACE

中印毗邻而居，同为文明古国，都曾创造了世界上最灿烂的文明，现在又在创造着被译成“中印大同”的“CHINDIA奇迹”。肇始于秦代的中印友好交往源远流长，历两千年而不绝。西汉末年传入我国的佛教，著名大诗人泰戈尔不朽的作品等，都在中国文明的发展中留下了记印。同样，中国的造纸、蚕丝、瓷器、茶叶、音乐传入印度，也极大地丰富了印度文化。中国《二十四史》和高僧大德的游记更成为印度构建古代历史的重要内容。

2011年是两国政府确定的“中印交流年”。9月，按照兴国市长的要求，我同嘉轩同志以及市规划局、海河教育园管委会、南开大学、天津大学、市规划院、市建院及相关设计单位一行12人组成考察小组，赴印度孟买、阿格拉、新德里进行了考察。此次赴印侧重于学习其在城市风格把握、建筑细部塑造、空间内外部衔接等方面的成功经验，进而为把天津规划建设成为“大气洋气、清新靓丽、中西合璧、古今交融、品位特色”的国际大都市寻找参考样本。

融印度北方拉其普特风格、伊斯兰摩尔风格、欧式佛罗伦斯风格、英伦爱德华风格于一体，将每个细节推敲至极致的泰姬玛哈酒店；保留较强英殖民印记、完美展示教育建筑气质的孟买大学；体现印度传统风格的标志性哥特式建筑——孟买维多利亚火车站；融合印度与波斯文化建筑特色的印度之门；印度、中东及波斯艺术特色融混的泰姬陵；印度——伊斯兰艺术顶峰时期的代表作——阿格拉红堡……这些具有明显地域特色、丰富饱满的建筑细节、成熟稳重的建筑色彩、本土化的建筑材料等，都给我们留下了难忘的印象，更让我们惊叹印度同行创意之巧妙、构思之精细。

文化是城市的灵魂。没有文化的规划建设，就如同一堆杂乱的音符，无法构成美妙的乐曲。天津深厚的历史文化底蕴、独特的自然风貌是我们的宝贵财富，在此基础上融入大都市现代化气息是每个规划建设者的历史责任。我们将考察小组在印期间拍摄的照片精心挑选，印成这本小册子，以飨读者。希望对规划设计同人能有所帮助、有所启发；更希望以此能引发关心城市发展的朋友的一些思考。

在印期间，我们得到了中国驻孟买总领事牛清报等各方的热情接待，在此一并致谢。相信我们此次考察的收获，当不负他们的支持。

天津市规划局局长 尹海林

The Impression of Indian Architecture

印度建筑印象

前言 FORWORD

为把我市规划建设成为“大气洋气、清新靓丽、中西合璧、古今交融”的国际大都市，进一步提高海河教育园区及海河沿线重点项目的方案设计水平，按照兴国市长要求，由海林局长、嘉轩副局长带队，市规划局、海河教育园区管委会、南开大学、天津大学、市规划院、市建院及其他设计单位一行12人组成的印度考察小组，于2011年9月15日至21日赴印度孟买、阿格拉和新德里三个城市进行考察调研。

孟买位于印度西部，濒临阿拉伯海，面积603平方千米，人口1 700万，是印度第一大城市。孟买是全国工商、金融中心，是西部铁路、航空枢纽，同时也是一个天然良港，被称为印度的“西部门户”。孟买曾受到葡萄牙和英国的殖民统治。孟买因电影业发达，被称为“宝来坞”。

阿格拉是印度著名的旅游城市，现在遗留着许多历史性的建筑物，蜚声世界的泰姬陵就在这里。阿格拉的历史建筑共有500余座，都是由左吉拉特和孟加拉地区的工艺匠建造，具有穆斯林和印度教混合建筑艺术的特点。

印度前首都德里分为旧德里和新德里两部分。新德里位于南部，与旧城隔着一座德里门。德里是印度北部的重要城市，位于德里中央直属区亚穆纳河西岸，西傍德里山脉，面积1 484平方千米，人口1 195万。其政治地位为直属联邦政府的直辖区，全称为“德里国家首都辖区”。

此次考察，重点对孟买泰姬玛哈酒店、孟买大学进行考察，并会晤了中国驻孟买总领事。在中国驻孟买总领事馆相关人员的安排下，考察小组还对孟买主要街道的保护建筑以及印度之门、西瓦吉火车站等进行考察。考察小组通过有针对性、有目的、有计划的现场勘查，借助拍照、摄像等辅助手段，从建筑形式、建筑色彩、建筑细部等方面，深入地了解具有印度特色的当地建筑。

此外，考察小组还分别对阿格拉的泰姬陵、阿格拉红堡、捷彼大酒店和德里的总统府、德里红堡、印度门、胡马雍陵、莲花寺、古都塔等建筑进行了考察，从建筑特色、建筑细部、历史文化、风貌保护等方面进行了整体的调研。

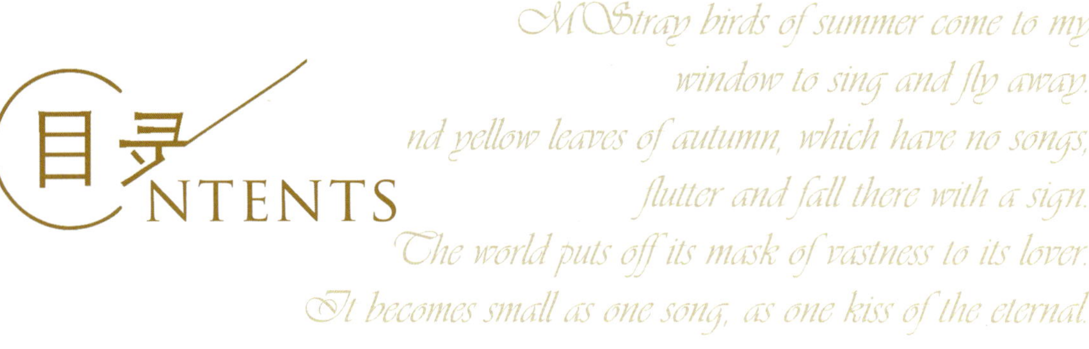
目录
NTENTS
M Stray birds of summer come to my
window to sing and fly away.
nd yellow leaves of autumn, which have no songs,
flutter and fall there with a sign.
The world puts off its mask of vastness to its lover.
It becomes small as one song, as one kiss of the eternal.

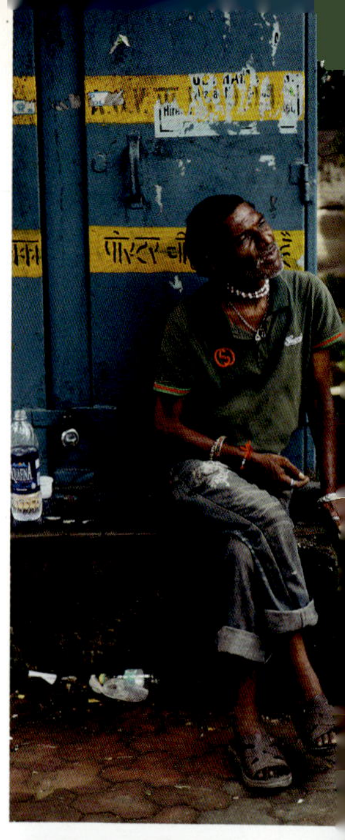

BUS

BAI POLICE

01

Mumbai

孟买

孟买的英文名本来叫“Bombay”，
但印度政府于
1995年11月22日决定
恢复传统的名称“Mumbai”。
孟买是印度最大的工商业城市，
随着经济的发展和
人口的增长，孟买已超过加尔各答
成为印度第一大城市。
它濒临阿拉伯海，是个天然良港，
被称为印度“西部的门户”，
亦是印度海军重要基地。
孟买已成为印度西部的
海、陆、空交通枢纽、
国际商港和金融中心。
孟买工业发达，
尤以棉纺业闻名于世。
它还是“印度的好莱坞”，
印度的大多数电影制片厂
都设在这里。

泰姬玛哈酒店沿海立面

Taj Mahal Hotel
泰姬玛哈酒店

泰姬玛哈酒店位于印度孟买可拉巴地区，与印度之门毗邻。泰姬玛哈酒店包含宫殿式与高塔式的建筑物各一座，融印度北方拉其普特风格、伊斯兰摩尔风格、欧式佛罗伦萨和英伦爱德华风格于一体，每一个细节都推敲到了极致。建筑外檐宏伟庄严、内装富丽堂皇，通过亲切典雅的拱廊和豪华共享大厅的巧妙设置，形成良好的内外互动关系,被誉为“象征印度自尊与财富的最佳酒店”。

从空中俯瞰泰姬玛哈酒店内院

泰姬玛哈酒店建筑整体竖向为三段式，底层是由两层拱廊和连拱券构成的虚实相应的基座，中间主体是由具有鲜明印度本土风格的立面组合，顶部是突出的穹顶部分。建筑横向为对称的五段式，外侧两端是带有伊斯兰穹顶的角楼，中心部位是带有欧罗巴特质的穹顶。外立面是以砖砌为主，灰砖白缝砌筑而成。整体色调则以灰色为基调，以白色线脚勾勒，以红色挑檐和屋顶加以点缀。首层为具有伊斯兰风格的骑楼。

主穹顶形式具有很强的古罗马特色，四周紧密围绕四座伊斯兰风格的小塔。阳台上大量使用封板，是传统木建筑的常用手法，体现印度的地域特色。主体两侧的角楼穹顶是伊斯兰风格所特有的洋葱顶，穹顶下方的窗饰采用了哥特风格的做法。阳台和窗饰大量运用了极具伊斯兰风格的尖券和镂空雕刻。

走进酒店内部，大厅共享空间位于主穹顶正下方，楼梯和走廊环绕四周，扶手是由精美的铁艺加工而成。内部色彩运用红、黄、白等，颜色鲜艳明亮。共享空间四周回廊底板也大胆地采用了红色，与白色墙面形成强烈对比。客房走道设置共享空间及三角天窗，增加了内部空间的连续性和贯通性，同时为内部公共空间带来了良好的采光和通风。

酒店内院

酒店前的广场

MUMBAI POLICE
MUMBAI POLICE
MUMBAI POLICE
KUONI
KUONI
KUONI

酒店沿海立面

酒店沿海景象

酒店内院景致　主穹顶形式具有很强的古罗马特色，四周紧密围绕四座伊斯兰风格的小塔。阳台上大量使用封板，是传统木建筑的常用手法，体现印度的地域特色。

酒店建筑细节 酒店内院建筑底层增加一个柱廊空间，与内院联系更加紧密。柱廊也由细柱构成，增加底层空间的开敞度，加强内外融合，且装饰更加丰富。柱廊顶部开窗与主体墙面的节奏相呼应。

NO DIVING

酒店建筑细部 立面窗饰的尖券轮廓线脚刻意做成大尺度，与整体比例相协调。在窗饰装饰板尺度上与立面砖块尺度相一致。窗饰镂空、窗间墙柱饰做法以及雕刻都极其精细和丰富。

酒店主穹顶

酒店夜景

酒店夜景

酒店院内的柱廊

独具特色的绿化种植

富有印度特色的大堂前台

温馨的室内布置

色彩丰富的共享空间

极具特色的共享空间 内部大厅共享空间位于主穹顶正下方，楼梯和走廊环绕四周，扶手是由精美的铁艺加工而成。内部色彩运用红、黄、白等，颜色鲜艳明亮。共享空间四周回廊底板也大胆采用了红色，与白色墙面形成强烈对比。

酒店客房的回廊空间

酒店客房回廊

孟买大学授予学位礼堂

The University of Mumbai
孟买大学

孟买大学是印度历史最悠久的大学之一，保留了较多的殖民式建筑，其中授予学位礼堂和图书馆最具有代表性。

孟买大学授予学位礼堂属于早期哥特式建筑风格，底层采用三叶草尖券外廊，主体中心为玫瑰花镂空窗饰，顶部采用坡顶形式，并在两侧竖立尖塔。礼堂内部的装饰彰显大学的内涵，极具序列感的尖券引导人们走向神圣的授予学位空间，哥特式建筑的高直空间犹如教堂空间的入口，玫瑰窗都渲染着神圣的气氛，体现了人们对教育的尊崇，完美地体现了教育建筑应有的气质。

孟买大学图书馆的建筑外檐采用石材砌筑，墙面和旋转楼梯都开有哥特式三叶草尖券，增强了建筑的古典韵味。建筑外廊由连续尖券组成，融入了传统印度和波斯文化的石雕设计，尖券和带有鼻饰的五瓣式拱券，展现了建筑浓厚的文化底蕴。孟买大学图书馆钟楼，具有典型的哥特风格，属于辐射式装饰立面。塔身被腰线分为四部分，底部为门道，中部层层收进，配以尖拱窗，顶部为八角塔楼。钟楼是校园内标志性建筑。石板镂空四瓣形花饰窗格，多层门柱和拱券组成的门道，都体现了早期哥特建筑的风格。图书馆建筑内部色彩丰富，侧窗的圆弧纹饰为五瓣式，内部装饰融入传统的伊斯兰建筑风格。两侧的尖券窗极富欧式建筑的个性，顶部木质的天花和古朴的家具陈设都增加了阅览空间的静谧感。

授予学位礼堂外景

授予学位礼堂门前的雕像

- विभाग
- परिसर
२२६९५४६०
UNIVERSITY OF MUMBAI
SECURITY - DEPTT.
FORT - CAMPUS
TEL - 22695460

授予学位礼堂外景

授予学位礼堂的尖券柱廊

设计精美的礼堂入口

授予学位礼堂室内景象

University of Mumbai
RECIPIENTS OF THE
HONORARY DEG REE OF LL.D.
1931 - SHAMS-UL ULANA SIR JIVANJI J. MODI
K.T., C.I.E., B.A., P.H.D.
1957 - MAHARSHI DHONDU KESHAV KARVE B.A.,
1960 - PROFESSOR NIELS HENRIK DAVID BOHR, N.L.
1963 - MAHAMAHOPADHYAYA DR. P.V.KANE
M.A., LL.M., D.LITT.
1965 - DR. V.R. KHANOLKAR B.SC., M.D.(LOND.)
F.A.SC., F.N.I.
1968 - PANDIT SHRIPAD DAMODAR SATWALEKAR
DR. KANAIYALAL MANEKLAL MUNSHI, B.A., LL.B
1973 - DR. MARGARET MEAD B.A., PH.D
1974 - DR. HOMI SETHNA B.SC., B.SC., (TECH.)
(BOM.), M.S.E. (MICH.)
F.A.SC., F.N.A., F.I.E. D.SC.
1975 - TARKATEERTHA LAXMANSHASTRI JOSHI
1976 - DR. SATISH DHAWAN N.A., B.SC., (ENGG.)
M.S. (U.S.A.), A.C.E.
(U.S.A.), PH.D. (U.S.A.)
1981 - JEHANGIR
1995 - DR. (KUM. PH.D.

授予学位礼堂室内细部

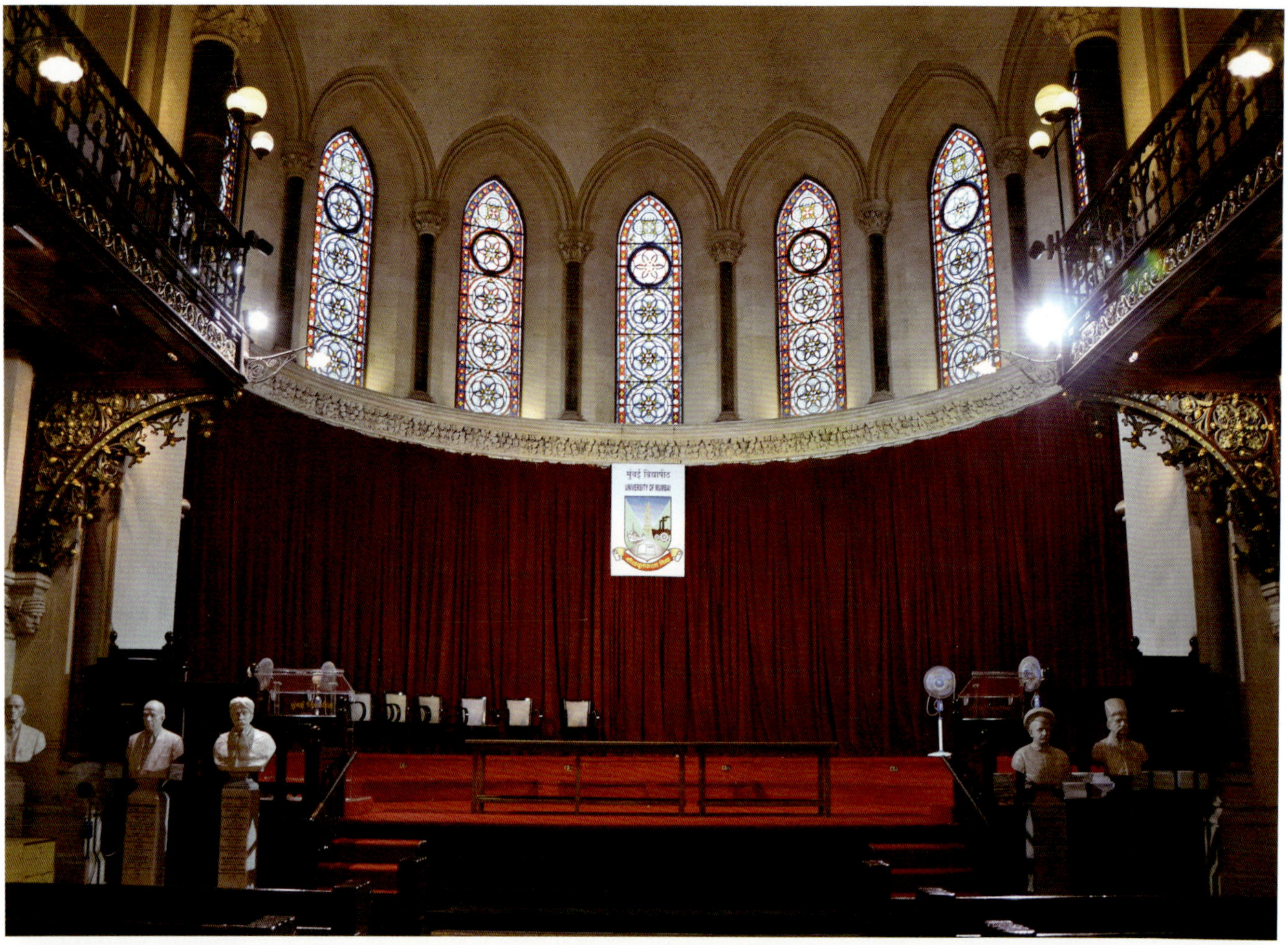
मुंबई विद्यापीठ
UNIVERSITY OF MUMBAI

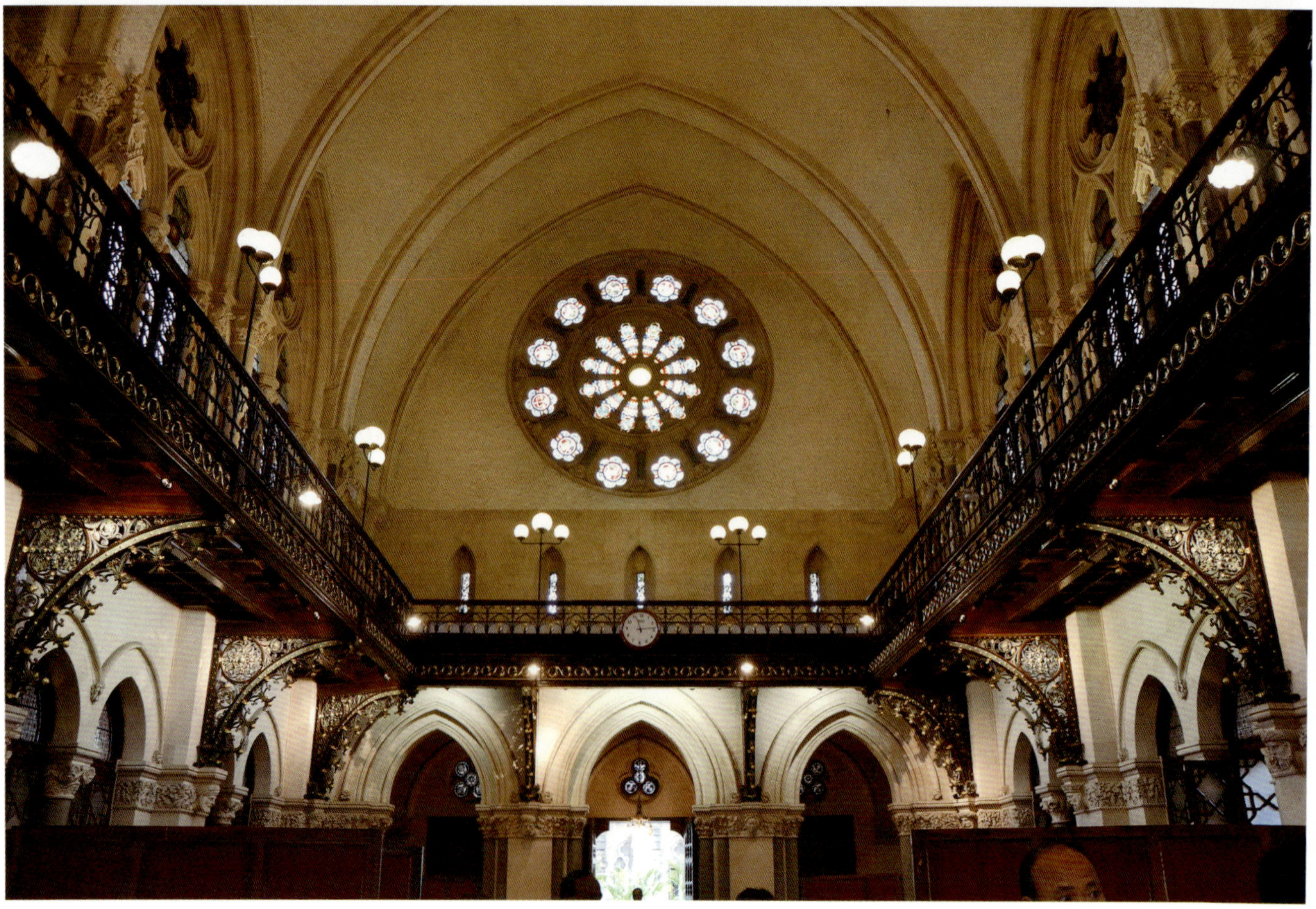

图书馆的钟楼

图书馆的钟楼

图书馆的钟楼外景

图书馆的钟楼外景

图书馆的外廊空间

抬头仰望图书馆的钟楼

建筑外廊 由连续尖券组成，融入了传统印度和波斯文化的石雕设计，尖券和带有鼻饰的五瓣式拱券，展现了建筑浓厚的文化底蕴。

精致的图书馆细部

建筑内部色彩丰富，侧窗的圆弧纹饰为五瓣式，内部装饰融入传统的伊斯兰建筑风格。

图书馆内景

精心设计的校园景观绿化

075

维多利亚火车站正立面

Victoria Terminus Station 维多利亚火车站

维多利亚火车站由英国建筑师威廉姆·史蒂芬设计，于1887年建成，为纪念维多利亚女皇即位50周年而命名，2004年7月被列为世界文化遗产。维多利亚火车站是孟买的一座标志性哥特式建筑，融合了印度的传统风格。该建筑是维多利亚早期建筑，主体形式为U形，建筑中央对称，所有角部交接部分的塔楼都强调向上升起的纵向感。立面尖券开窗虚实结合，并强调水平装饰线的处理。主体在细部处理上和色彩搭配上融入了伊斯兰风格特点。穹顶的结构形式、石板镂空四瓣形花饰窗格、拱顶的卷叶花饰均强调立体的雕塑感。整个建筑装饰着华丽而繁复的石雕，有众多起伏的园拱顶和多棱尖顶。整座建筑很雄伟，至今仍是孟买最繁忙的火车站，也是孟买这座城市很好的名片。

SHIVAJI

主体采用哥特式风格，在细部处理上和色彩搭配上融入了伊斯兰风格特点。穹顶的结构形式、石板镂空四瓣形花饰窗格、拱顶的卷叶花饰均强调立体的雕塑感。

火车站外景细部

远眺维多利亚火车站

火车站外景细部

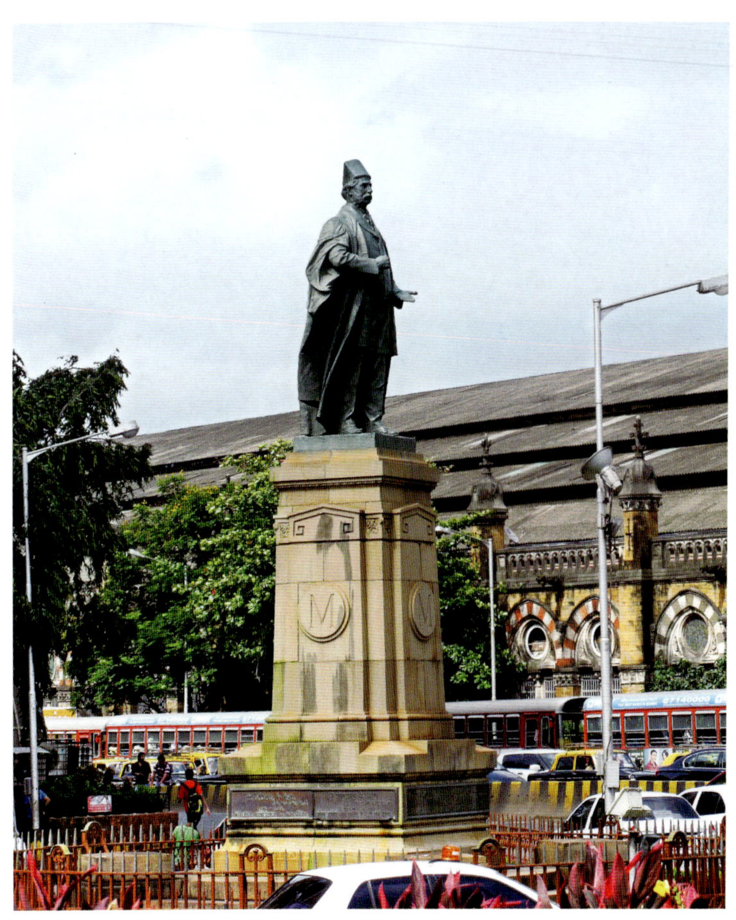

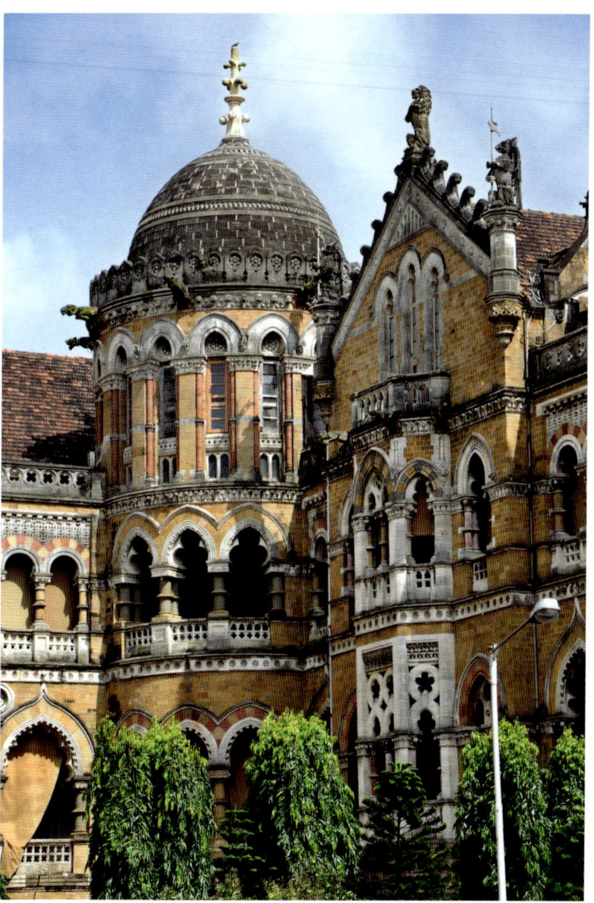

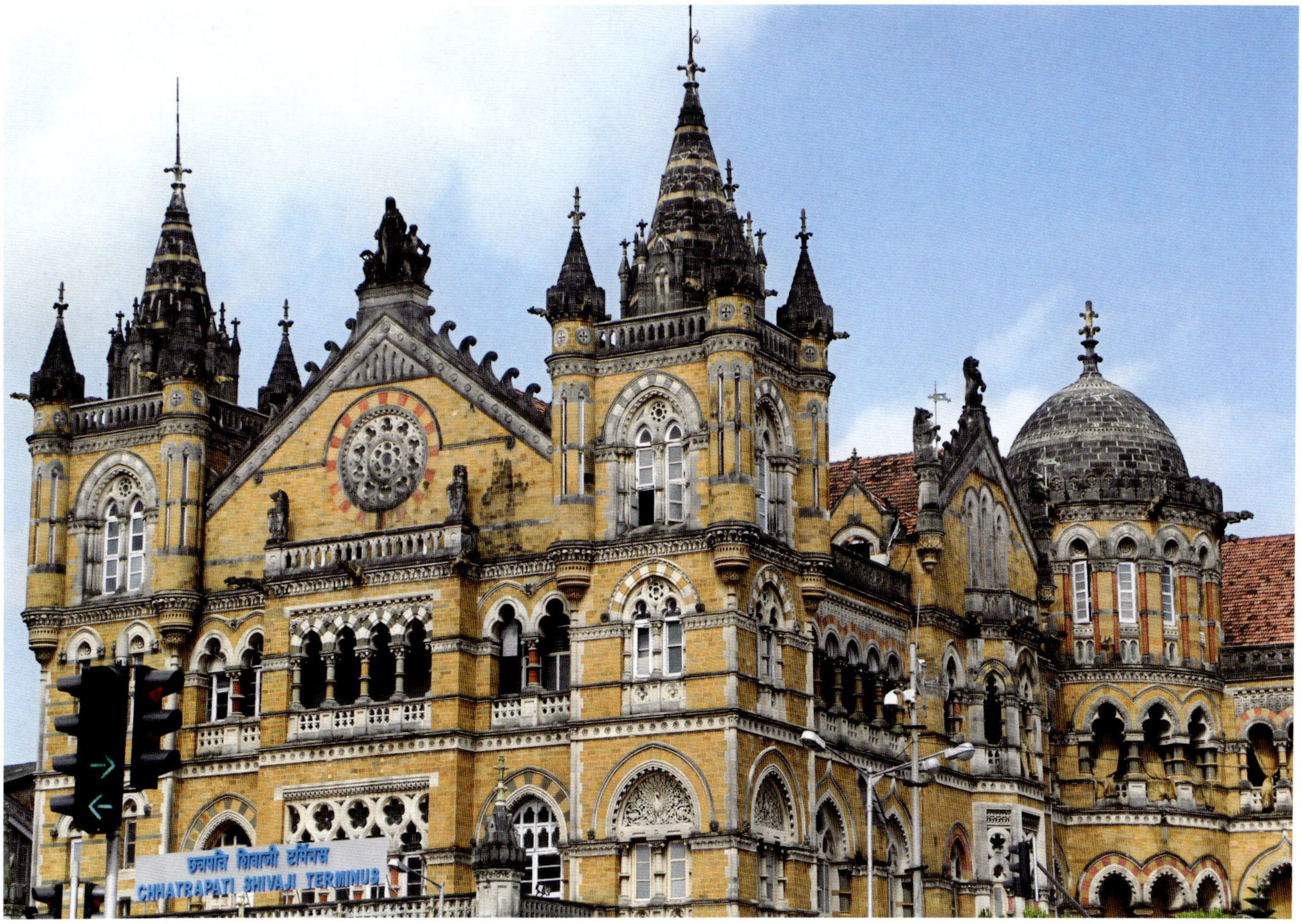
छत्रपति शिवाजी टर्मिनस
CHHATRAPATI SHIVAJI TERMINUS

ERECTED TO COMMEMORATE THE LAND
IN INDIA OF THEIR IMPERIAL MAJEST
KING GEORGE V AND QUEEN MA
ON THE SECOND OF DECEMBER MCM

孟买的印度之门

The Gate of India
印度之门

印度之门位于印度城市孟买的阿波罗码头，面对孟买湾，为纪念英国国王乔治五世到访而建，是一座融合印度和波斯文化建筑特色的古吉拉特式拱门。印度之门高26米，作为孟买的象征，以欧式建筑为基础，但又具有很强的地域性。从建筑细部上看，高高的伊斯兰尖券、镂空雕刻的窗纹，拱门上方檐线也不同于传统欧式建筑齐平的做法，中间主门上方檐线有明显的高度提升，突出了其中心作用。高耸的4座塔楼揭示了其独特的地域性。在矩形门内设置马蹄形拱券的形式被称为“阿符兹”（Alfiz），细部伊斯兰尖券、镂空雕刻的窗纹装饰以及墙面的浮壁雕刻都带有明显的伊斯兰特色。拱门上方檐线也运用仿木作的形式。透过带有对称并带有秩序感装饰纹理的拱门，与周边环境形成强烈的对景关系。

透过印度之门看见泰姬玛哈酒店

印度之门外景　拱门上方檐线也运用仿木作的形式。透过带有对称并带有秩序感装饰纹理的拱门，与周边环境形成强烈的对景关系。

印度之门外景细部

印度之门正立面

COMMEMORATE THE LANDING
THEIR IMPERIAL MAJESTIES
AND QUEEN MARY
OF DECEMBER MCMXI

印度人寿保险办公楼 维多利亚哥特风格建筑立面，灰色主体，白色装饰线，尖券开窗，融入伊斯兰风格的装饰线和雕刻，强调装饰性

LIC

弗洛拉喷泉广场

British-style Architecture in Mumbai

孟买英式建筑

孟买街道两侧随处可见的是残存着殖民时代气息的英式建筑，掩映在绿树成荫的街道两旁。街心广场上一般都有如锦的花团，配以雕塑、喷泉。

孟买主要街道的英式建筑融合了新古典主义风格，例如国家现代艺术画廊，采用经典的三段式构成，抽象和简化了古典元素，保留了古典建筑经典的比例。石材装饰与线脚细部有伊斯兰印记以及维多利亚哥特风格。例如，印度人寿保险办公楼，其建筑立面主体呈灰色，白色装饰线，尖券开窗，融入伊斯兰风格的装饰线和雕刻，强调装饰性。还有一些建筑在英式建筑的基础上，融合了印度当地的建筑元素，山花设计体现了英式建筑的古典美，色彩鲜明，突出整体感。

维多利亚火车站附近某建筑

国家现代艺术画廊外景　新古典主义风格采用经典的三段式构成，抽象和简化了古典元素，保留了古典建筑经典的比例。石材装饰与线脚细部有伊斯兰印记。

渣打银行外景　在英式建筑的基础上，融合了印度当地的建筑元素，山花设计体现了英式建筑的古典美，色彩鲜明，突出整体感。

大卫赛森图书馆外景 哥特风格与伊斯兰风格的融合。

汇丰银行外景建筑强调竖向线条的简欧风格。浅褐色与白色石材，体现建筑大气庄重。

某建筑物外景

某建筑物外景

印度中央银行外景

02

Agra

阿格拉

公元16世纪和17世纪初，
阿格拉是
印度莫卧儿王朝的
首都所在地，
其间在位的几位皇帝
对建筑工程都非常狂热，
因此留下大量建筑杰作。
精美的陵墓、
雄伟的城堡和皇宫，
是它作为帝王之都
辉煌历史的生动记录。
它成为前往
印度的外国游客必游之地。
尤其是被列为
“世界七大奇迹”之一的
泰姬陵，
让阿格拉充满
浪漫和忧伤的韵味。

泰姬陵

Taj Mahal

泰姬陵

阿格拉是由一段辉煌历史铸就的不朽名城。其中最令人痴迷的仍然是名列“世界七大奇迹”之一的泰姬陵，它是印度的象征性国家建筑，也是世界上最优雅、最富浪漫主义风格的建筑作品之一。泰姬陵位于印度北方邦亚格拉市郊，始建于1631年，建筑的艺术水平很高，集合了印度、中东及波斯的艺术特点。整座建筑体形雄浑高雅，轮廓简洁明丽。陵墓的东西两侧屹立着两座形式相同的清真寺翼殿，用红砂石筑成。外部建筑主体坐落在碧空和草坪之间，洁白光亮的陵墓显得肃穆、端庄、典雅。建筑内部珠宝镶嵌、光彩照人。泰姬陵的整体构思和布局充分展现了庄严肃穆、气势宏伟的特点，整个建筑富于哲理，不愧为一个艺术珍品。

泰姬陵由前庭、正门、莫卧儿花园、陵墓主体以及两座清真寺所组成。陵墓的四周砌有长576米、宽293米的红沙石围墙，陵园占地17万平方米，其中间有一个“十”字形水池，中心为喷泉。从陵园大门到陵墓，有一条用红石铺成的直长甬道，甬道尽头就是全部用白大理石砌成的陵墓。泰姬陵内建筑以红砂岩砌筑而成，顶部是典型的白色石材圆顶，强调建筑的主次关系。从细节上看，各式塔楼造型别致，轻盈通透，精雕细刻，建筑造型格外醒目。在白色大理石上进行了花纹的雕刻和镶嵌。精雕细刻的墙面突显伊斯兰风格。

落日下的泰姬陵

泰姬陵入口建筑：泰姬陵入口建筑以当地的红砂岩为主要建筑材料，庄重的古典构图为整体序列的展开作了铺垫。

泰姬陵内建筑远景

泰姬陵的红砂岩围墙

雄伟的泰姬陵

各式塔楼造型别致，轻盈通透，精雕细刻，建筑造型格外醒目。

泰姬陵内的柱廊空间

泰姬陵的建筑细部 建筑局部对大理石进行了精细的雕刻和宝石的镶嵌。

泰姬陵内景

泰姬陵内的过渡空间

泰姬陵内的过渡空间

室内的对景空间

阿格拉红堡

Red Fort

红堡

阿格拉红堡是印度三大红堡之一，被列入世界遗产名录。据说，当年沙杰汗王被其第三子幽禁在这座古堡时，就是经常默默地坐在小楼中，怀着无限的思念之情，望向泰姬陵，似乎在倾诉他那一颗孤寂哀伤的心。它是印度在伊斯兰艺术顶峰时期的代表作，整体建筑结合了印度和中亚的建筑风格。它具有宫殿和城堡的双重功能，建筑装饰体现了三种宗教的特点：莲花代表印度教、大象鼻代表佛教、星月和拱券代表伊斯兰教。整个建筑舒展，比例完美，色调华丽而庄重。

红堡外檐运用红砂岩砌筑而成，整体环境庄重、舒展，色彩统一纯粹。红堡内建筑整体中心对称、虚实对比，一层上部韵律性地开设小窗，用于采光通风。檐口对应开洞位置设计了仿木作的挑梁，加强了整体的秩序性。红堡内院在红色的基地上托搭着白色大理石的连廊，色彩鲜明，连廊空间通透连贯。红堡连廊层层相连，视线连贯通透，营造出具有秩序感和韵律感的半室外空间。内部连廊空间巨大且连贯，拱券具有很强的秩序感，具有伊斯兰的典型风格，为人们提供了充足的活动场所。

红堡入口

红堡内的建筑　整体中心对称、虚实对比，一层上部韵律性地开设小窗，用于采光通风。檐口对应开洞位置设计了仿木作的挑梁，加强了整体的秩序性。

红堡内院景象

红堡内的对景关系

精美的外檐设计

[illegible]的红砂岩外檐

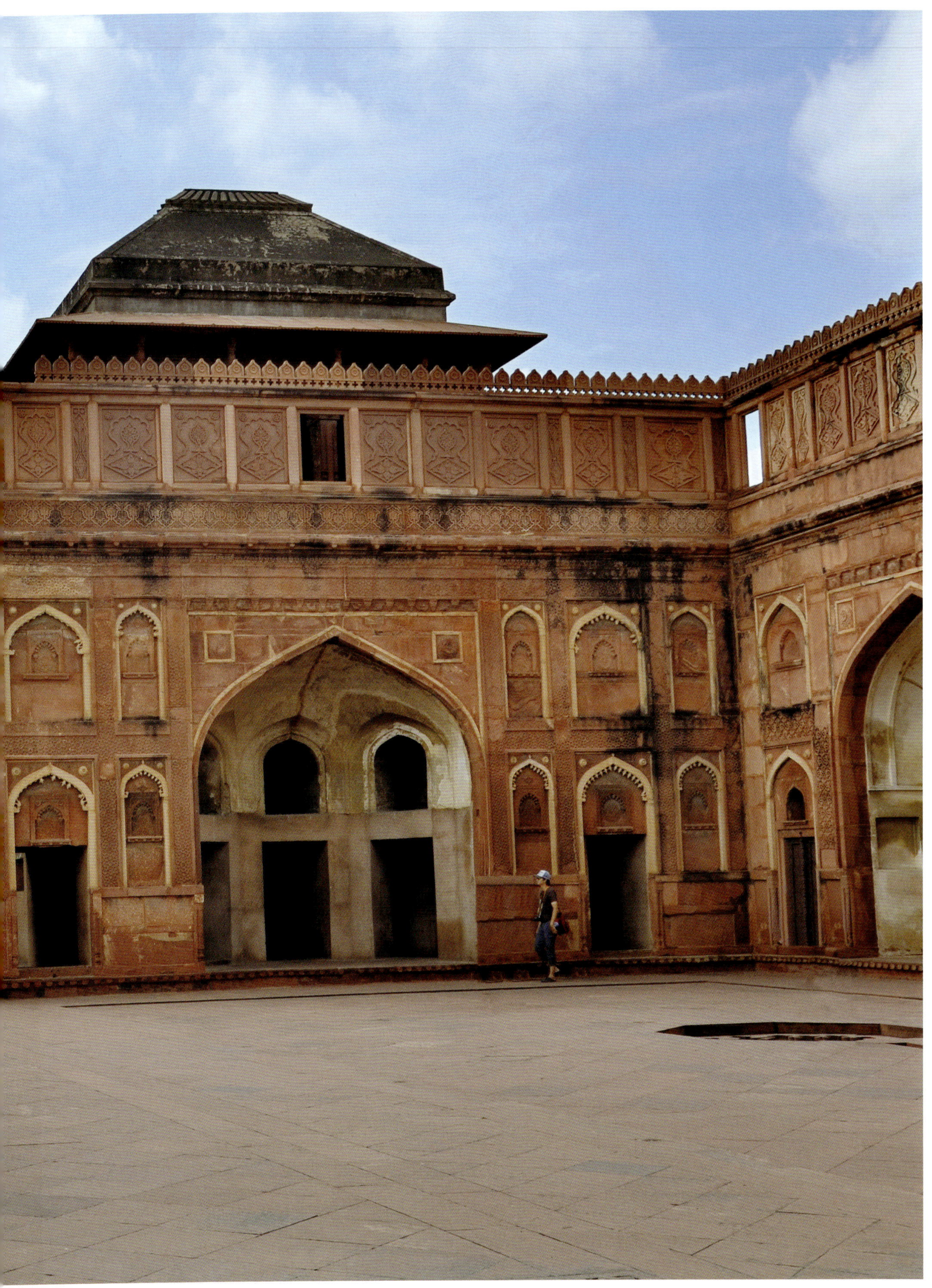

院内的白色大理石建筑

红堡院内的外廊空间 红堡内院在红色的基地上托搭着白色大理石的连廊，色彩鲜明，连廊空间通透连贯。红堡连廊层层相连，视线连贯通透，营造出具有秩序感和韵律感的半室外空间。

富有特色的屋顶空间

红堡内的廊下空间

建筑细部

阿格拉捷彼大酒店

Jaypee Hotel

捷彼大酒店

捷彼酒店主体采用红砂岩，局部入口运用了白色大理石，与主体形成对比。建筑立面底层通透，是具有印度特色的现代建筑。捷彼酒店建筑内部的装饰采用大理石，装饰线条与外部统一，色彩明快，给人一种豪华、舒适的感受。客房走廊设置共享中庭，丰富了室内空间。

捷彼酒店的入口及前院空间　建筑主体采用红砂岩，局部入口运用了白色大理石，与主体形成对比。建筑立面底层通透，是具有印度特色的现代建筑。

精致而温馨的室内空间

独具特色的绿化和景观

精致的院内空间

03

New Delhi 新德里

新德里是印度的首都，
全国政治和文化中心，
也是印度铁路与航空交通中心。
新德里发展很快，
根据城市规划，
工业区均在郊外。
新德里也是文化教育中心，
这里有许多著名的
博物馆、
纪念馆、
高等学府和科研机构，
著名的尼赫鲁大学就位于市郊。
新德里还是全国的旅游中心，
名胜古迹很多，
其中著名的有：
圣雄甘地墓、
印度门、
红堡、
古特伯高塔等。

新德里总统府入口

Rashtrpati Bhawan 总统府国会大厦

总统府国会大厦建筑群始建于1929年，原为英国殖民主义者的总督府，印度独立后，改为总统府。总统府正门，是一条宽阔而笔直的“国家大道”，直通印度门。大道两侧分布着许多政府机构，如外交部、国防部等。这里绿树葱茏，碧草如茵，清静幽雅。其建筑风格融合了印度传统风格与维多利亚风格的特点。采用红砂石建造，反映出莫卧儿王朝的遗风。

总统府整体布局中心对称，构图稳重大气，底层采用红砂石构成基座，上部采用白色大理石建造而成，建筑形体和开窗方式都体现了很强的秩序感。总统府建筑局部立面采用了欧式古典柱饰和伊斯兰纹理雕刻以及仿木作的混合处理，颜色协调统一。总统府建筑细部大都采用伊斯兰特有的彩绘和雕刻等符号语言，门洞入口形式的处理参照了胡马雍陵入口的做法。穹顶结合了古罗马和伊斯兰穹顶的风格。整体环境肃穆庄严。

总统府的红砂岩围墙

总统府的外景细部　总统府建筑为典型的新古典风格。穹顶结合了古罗马和伊斯兰穹顶的风格，以石材砌筑而成。整体环境肃穆庄严。

DL2C
Q 3632

总统府入口

1

总统府的建筑细部

SIR EDWIN L LUTYENS
KT. K.C.I.E.
ARCHITECT.
SIR HERBERT BAKER
KT. K.C.I.E.
ARCHITECT.

总统府的建筑细部

雕塑和尖塔的处理结合当地传统的伊斯兰风格。

总统府外景

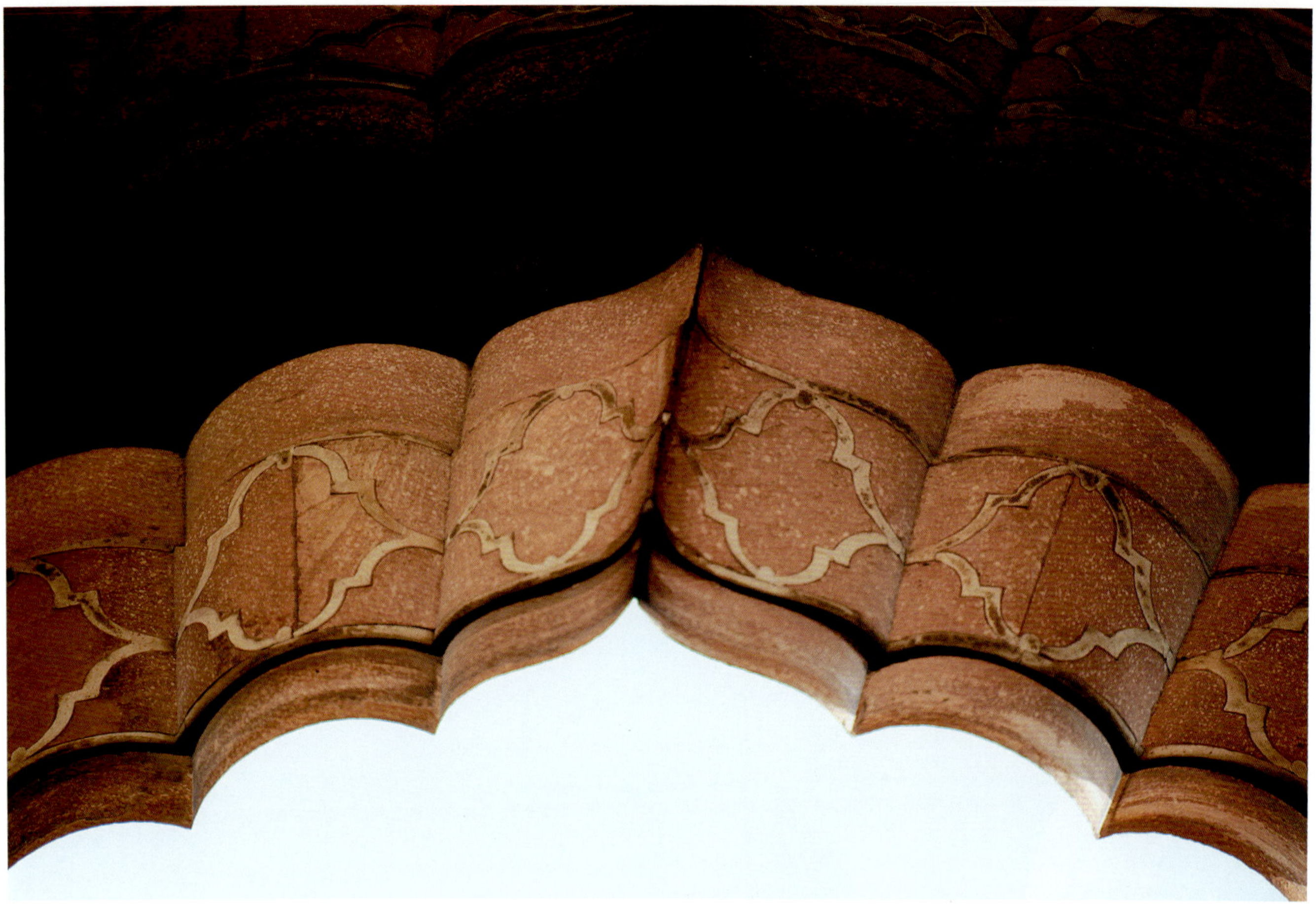

精致的红砂岩雕刻　总统府建筑细部大都采用伊斯兰特有的彩绘和雕刻等符号语言。门洞入口形式的处理参照了胡马雍陵入口的做法。

LIBERTY WILL NOT DESCEND TO A PEOPLE
A PEOPLE MUST RAISE THEMSELVES TO LIBERTY; IT IS A BLESSING
THAT MUST BE EARNED BEFORE IT CAN BE ENJOYED
नोर्थ
ब्लाक

远眺总统府外景

德里红堡外景

Delhi Red Fort 德里红堡

德里红堡是印度享誉世界的古老伊斯兰文化建筑名胜，它坐落在德里旧城东北部、亚穆纳河西岸，1647年建成，是一座用红砂石建成的壮丽宫殿群，为印度最大的王宫。红堡有护城河环绕，四面环以厚重的围墙，围墙为石质。红堡是莫卧儿王朝创造力达到顶峰的典范，其设计登上了新的高度。宫殿的规划以伊斯兰原型为依据，展现了具有莫卧儿王朝典型建筑特征的元素，反映出波斯、贴木儿王朝和印度建筑传统的相互融合。

德里红堡整体雄伟壮丽，运用红砂岩砌筑而成，色彩统一、连贯，是印度传统伊斯兰建筑的典范。红堡内景建筑大量运用了火焰门和尖券，整体虚实对比，雕刻感极强。建筑内部与自然紧密相连，建筑四角顶部分别设立凉亭。内部庭院采用了伊斯兰特有的色彩构成和丰富的几何纹理。灰墙搭配红白相间拱券，色彩稳重和谐。每层外廊的连续拱券富有节奏韵律，层次丰富，具有很强的秩序感和景深。

德里红堡周边建筑

入口设计大方别致，富有异域风情。

德里红堡前广场

精美的外檐设计

德里红堡建筑细部

बाहर जाने का रास्ता
WAY TO EXIT

院内的景观绿化

德里红堡内院景象。内景建筑为英式传统坡屋顶建筑，灰墙搭配红白相间拱券，色彩稳重和谐。

院内的绿化景观

德里红堡院内建筑

笔直的道路，正对着红色柱廊，在两侧草地的映衬下显示出格外静谧、庄重的场景。

德里红堡的廊下空间

德里红堡院内建筑

精致的汉白玉雕刻

贾玛清真寺全景

Jama Masjid 贾玛清真寺

贾玛清真寺始建于1650年，花费了6年时间建成，耗资巨大。这座清真寺高大而庄严，它有三个大门可以通向寺的主体。整个建筑是由红砂岩和白色大理石组成，连廊的拱券和墙体的壁笼虚实对比。清真寺内部连廊贯穿，色彩统一，墙壁和拱券具有显著的伊斯兰风格特征。贾玛清真寺被称为“建筑奇迹”，全寺没有使用木料，地面、墙壁、顶棚都采用了精工细雕的白石，用铅灌封，十分坚固。该寺院所用的石料选材极为严格，颜色配搭很讲究，在通体洁白的大理石之中，又杂以黑大理石条纹，黑白相间，优美醒目。清真寺四周是红色砂岩墙，更衬托出寺庙的宏伟。

俯瞰清真寺内院

清真寺内的景象

清真寺入口建筑雄伟壮观，带有伊斯兰特有的雕刻纹理

精致的红砂岩细部雕刻

俯瞰清真寺外廊

内景建筑入口为伊斯兰火焰券的组合，建筑墙身布满了丰富的伊斯兰风格花纹图案的雕刻。

清真寺内的建筑细部

新德里印度门外景

India Gate

印度门

新德里与老德里之间只隔着一道"印度门"，以著名的拉姆利拉广场为界，广场以南为新德里，广场以北为老德里。新德里印度门位于城市的中心区，是为纪念在第一次世界大战中失去生命的英籍印度陆军而修建的战争纪念碑，目前已成为印度的无名战士纪念碑。

印度门庄严肃穆，以传统凯旋门为原型，并融合了印度当地风格的线脚和檐口处理。细部玉米头雕塑源于罗马的形制，象征生死轮回，并重新设置了比例关系，将重心提高，使得建筑稳重大气。它的上部刻有纪念性悼言，顶部做成略隆起的穹顶。建筑细部运用了印度仿木作的线脚和雕刻。

INDIA

印度门全景

印度门细部 新德里印度门上部刻有纪念性悼言，顶部做成略隆起的穹顶。整体形式是将传统的凯旋门和纪念碑形式相结合。

अमर
जवान

胡马雍陵鸟瞰

Humayun's Tomb
胡马雍陵

胡马雍的陵墓是莫卧儿建筑风格发展中一个突出的里程碑，是伊斯兰教与印度教建筑风格的典型结合，开创了伊斯兰建筑史上的一代新风。主体建筑由红色砂岩构筑，整个建筑庄严宏伟，为印度乃至世界建筑史上的精品，1993年联合国教科文组织将胡马雍陵作为文化遗产列入《世界遗产名录》。这组建筑群规模宏大，布局完整。整个陵园坐北朝南，平面呈长方形，四周环绕着长约2 000米的红砂石围墙。陵园内景色优美，棕榈、丝柏纵横成行，芳草如茵，喷泉四溅，实际上是一个布局讲究的大花园。陵园大门用灰石建造，是一个八角形的楼阁式建筑，表面用大理石和红砂石的碎块镶嵌成一幅幅绚丽的图案。

建筑立面开设了很多伊斯兰壁笼，构图稳重，顶部穹顶中心地位突出。陵墓大量使用了红砂岩线脚，建筑呈现对称统一，墙壁开有壁龛，形成伊斯兰建筑中特有的负空间。

陵园大门入口

胡马雍陵正入口

陵园内部的古老建筑 整个建筑环境宁静优雅，历史建筑古朴厚重。

陵园内的建筑细部

新德里莲花寺

Lotus Temple 莲花寺

新德里莲花寺，外貌酷似一朵盛开的莲花。由伊朗建筑师Fariborz Sahba设计，历时6年完成，并于1986年开始向公众开放。莲花代表着印度教、佛教、耆那教和伊斯兰教的统一。莲花寺由3层白色“花瓣”组成，底座边上有9个连环的清水池，拱托着这巨大的“莲花”，成为新德里的标志性建筑。整个寺庙内部没有仪式、没有教派、不分肤色，入内后谁都可将它当成自己的寺庙或教堂，内部空间除了沉思默祷的人之外不见它物，空得叫人不由自主地只觉得充满了平和，闭上眼睛，只听见自己心灵的声音。

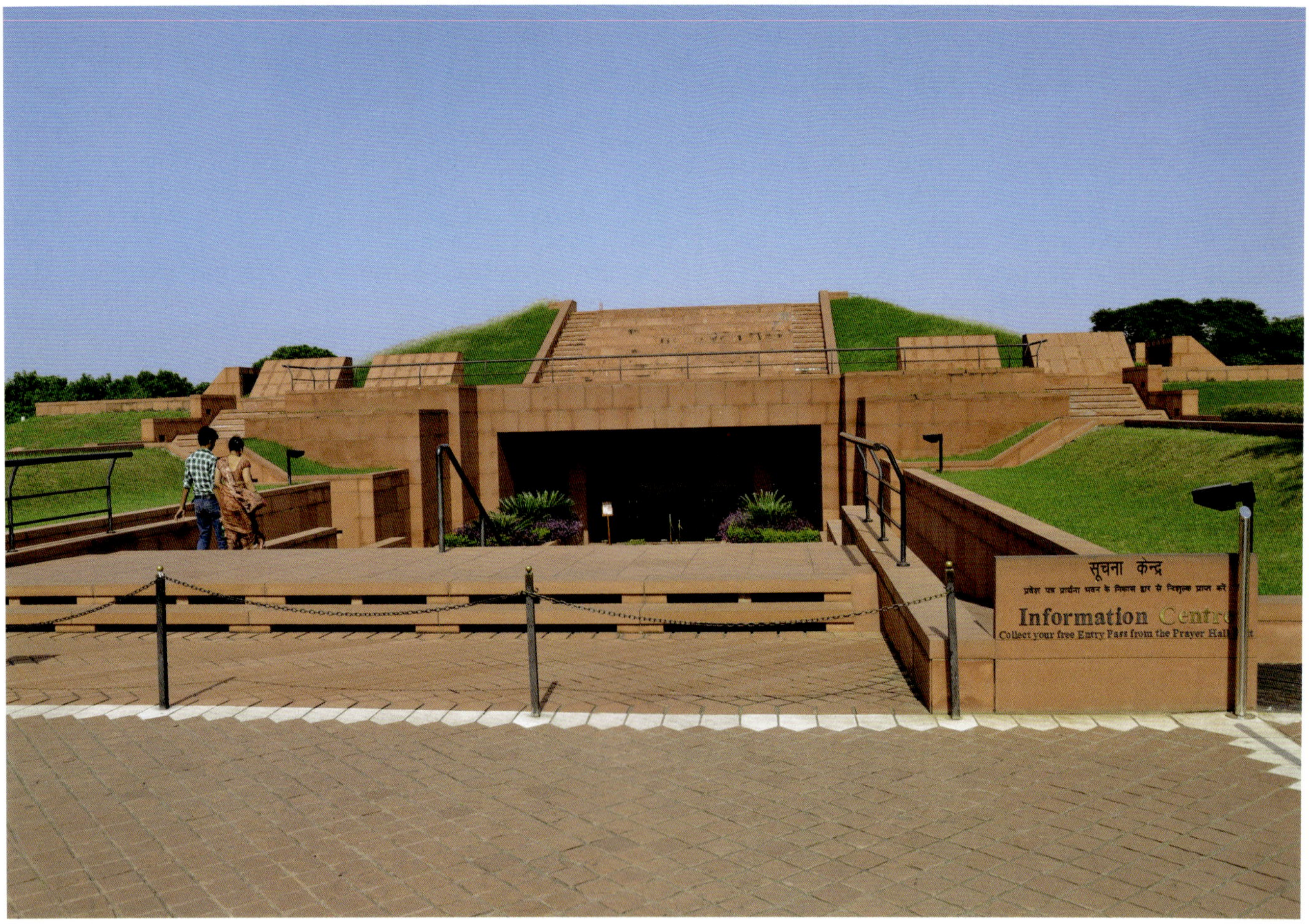
सूचना केन्द्र
Information
Collect your free Entry Pass from the Prayer

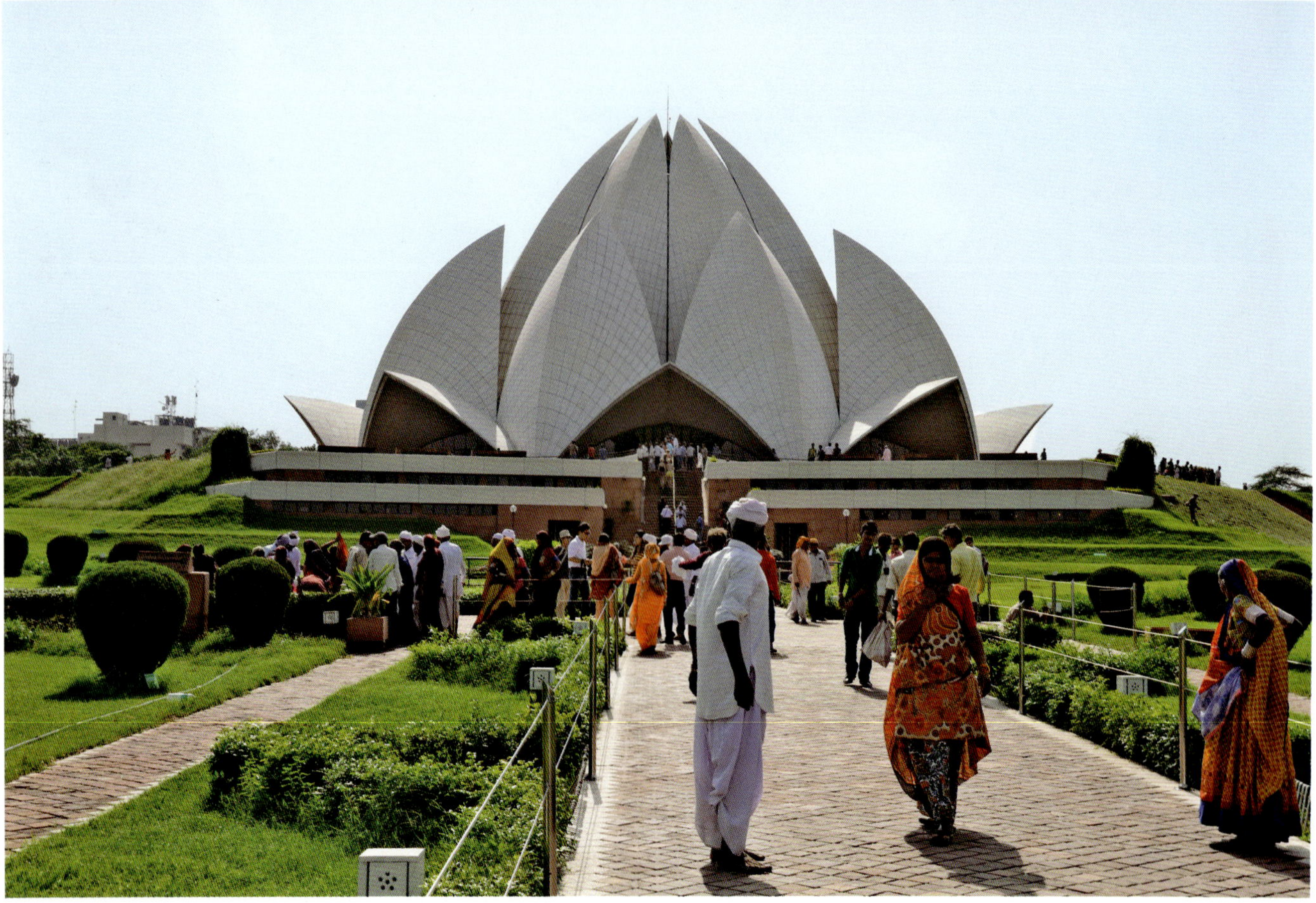

莲花寺的入口空间

Qutab Minar
古都塔

新德里古都塔建于公元13世纪，是印度教文化和伊斯兰教文化融合的建筑物。该塔系因当年中亚穆斯林成功入侵占领印度后为了庆祝胜利而建成的纪念碑。 其又被称为“胜利塔”，1993年被列入世界文化遗产。古都塔共有5层，塔高75.56米，由红砂石建成，呈赭红色。古都塔整体层层收分，比例修长稳重，色彩分明、协调。塔身上镌刻阿拉伯文的《古兰经》经文和各种花纹图案，外表由交替的三角形和圆形折纹组成。

古都塔入口建筑由伊斯兰尖券和莲花券组成。其内景的残留柱饰带有明显的伊斯兰风格。内部建筑布满了丰富的伊斯兰风格花纹图案的红砂岩与白色大理石雕刻。

古都塔遗址

古都塔的院内景象

入口建筑为伊斯兰尖券和莲花券的组合

古都塔的院内景象

精美的建筑细部 内部建筑布满了丰富的伊斯兰风格花纹图案的红砂岩与白色大理石雕刻

精致的红砂岩雕刻

后记 POSTSCRIPT

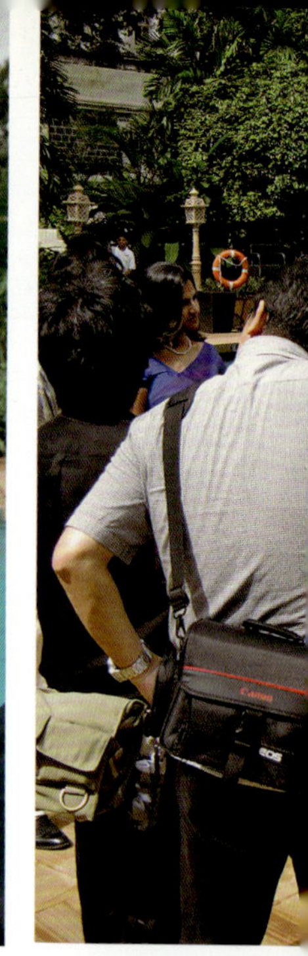

印度就是这样一个地方。上帝不会再创造第二个这样的国度。那些辉煌的建筑让人最真实地感受着印度深远的历史文化，那里的每个大街小巷都展示着印度人民对生活的热情期望，那里的一树一木一砖一瓦都充满了神秘的色彩。在那里，你可以看到“永恒”。

神秘之国 印度的神奇在于很多事情看似很有趣却又非常疯狂。在孟买的街道上，除了过往的游客，你更可以随处看到各种牛。因为在印度教中，牛被称为圣物，是印度教的教徒朝圣的对象，所以，它们可以肆意地在马路中间穿行。不管你来自哪里，印度都会让你产生对喧嚣城市或者豪华帝都的不屑，这就是它拥有丰厚内涵和神奇魅力的原因。它的神秘色彩是你在世界其他角落无法再寻获的。

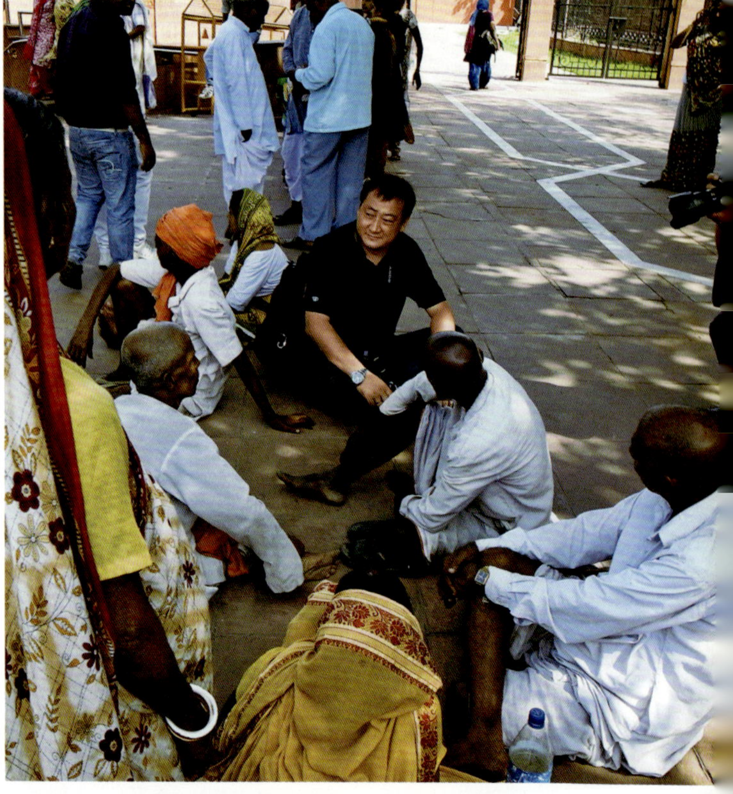

快乐之源 印度——贫困与快乐并存的国度。行走在印度的城市中，很难回避平民窟这个话题。可能这就是孟买吧，悠久的历史、灿烂的文明、辉煌的建筑和依然无法填饱肚子的穷人们。但印度的孩子们似乎永远是快乐的！也可以说，印度人就是快乐的代表！无论走在何处，你总能见到那标准的印度式微笑。也许，他们那种乐天的精神是与生俱来的吧！

永恒之魂 印度的建筑纷繁复杂，令人流连忘返。在数不清的建筑中，最令人神往的还是泰姬陵，因为在它辉煌的建筑背后蕴藏着一段美丽的

PEACE GONG

爱情故事。泰戈尔说："泰姬陵，在岁月长河的流淌里，光彩夺目，永远，永远。"泰姬陵是莫卧儿王朝的皇帝沙贾汗给自己妃子造的陵墓，修建泰姬陵历时22年，动用两万名世界各地工匠，花费巨资。洁白晶莹、玲珑剔透的大理石陵墓是伊斯兰和印度建筑艺术于一体的经典。走进大门，再前行200米，左手边是座红色门楼，典型的伊斯兰风格建筑。透过拱形大门，一片白色渐入眼中，令人不由得心生敬畏。形形色色的游客在泰姬陵里走走停停，四处拍照，使建筑本身散发出来的沉寂、神秘、永恒的气质愈发明显。

回程之思 这里有绵长的文化、绝美的景色、健康的美食，有无数大眼睛会微笑的人，还有印度人独特的生活方式。伴随着不同的宗教信仰，衍生出不同的生活方式、建筑艺术和人文情操。从表面上看有点乱，有点杂，但顺着他们的宗教脉络认真研究，就会发现一切都是有源可寻，有章有法的。如果你想暂时逃离我们这个精神高度紧张、欲望无限扩张、内心附着焦虑的社会，就去一次印度吧，去感知另一种生活！

THE SILK ROUTE
BAZAR
P.W.D.
uninor

图书在版编目（CIP）数据

印度建筑印象/尹海林主编.—天津：天津大学出版社，2012.1
ISBN 978-7-5618-4272-0

Ⅰ.①印… Ⅱ.①尹… Ⅲ.①建筑艺术—印度 Ⅳ.①TU-881.351

中国版本图书馆CIP数据核字（2011）第281309号

策划编辑 韩振平 金 磊
责任编辑 韩振平

出版发行 天津大学出版社
出 版 人 杨欢
地　　址 天津市卫津路92号天津大学内（邮编：300072）
电　　话 发行部：022-27403647 邮购部：022-27402742
网　　址 www.tjup.com
印　　刷 北京雅昌彩色印刷有限公司
经　　销 全国各地新华书店
开　　本 210mm×285mm
印　　张 18.625
字　　数 190千
版　　次 2012年1月第1版
印　　次 2012年1月第1次
定　　价 316.00元